这本书是出版方与西班牙国家自然科学博物馆的首部合作成果。
书中插图所有权由西班牙科学技术部和西班牙国家自然科学博物馆共同拥有。

致谢
米盖尔·巴斯达，西班牙国际科学绘画奖负责人，为本书提供策划。
拉蒙·罗德里，西班牙国家自然科学博物馆出版社主编，为我们提供大量资料。
莫妮卡·威吉丝的慷慨和创作激情。
玛丽亚·皮勒的能力和高效。

作者的话
在目录、图纸和内文中出现的大部分动物都是按照当时的生物分类法归类的。但是在某些插图中，分类不正确或已经弃用，凡伯海就会扩展或者纠正一些物种的分类。有些图纸因为可能缺乏相应的动物信息，诸如起源、大小或细节，没有被归为一个纲目，而是被归类到更具体的层级中。

Text © Carmen Soria
Illustrations © Van Berkhey

Originally published in 2020 under the title "Zoología Illustrada" by Mosquito Books Barcelona, SL – info@mosquitobooksbarcelona.com

Simplified Chinese rights are arranged by Ye ZHANG Agency (www.ye-zhang.com)

©2022 辽宁科学技术出版社
著作权合同登记号：第 06-2019-72 号。

图书在版编目（CIP）数据

动物博物馆/（西）玛丽亚·卡门·索里亚著；潘鸥译.—沈阳：辽宁科学技术出版社，2022.1
ISBN 978-7-5591-2063-2

Ⅰ.①动… Ⅱ.①玛… ②潘… Ⅲ.①动物－儿童读物 Ⅳ.①Q95-49

中国版本图书馆CIP数据核字（2021）第099616号

出版发行：辽宁科学技术出版社
（地址：沈阳市和平区十一纬路 25 号 邮编：110003）
印 刷 者：凸版艺彩（东莞）印刷有限公司
经 销 者：各地新华书店
幅面尺寸：250mm×360mm
印 张：6.5
字 数：180 千字
出版时间：2022 年 1 月第 1 版
印刷时间：2022 年 1 月第 1 次印刷
责任编辑：姜 璐
封面设计：吕 丹
版式设计：吕 丹
责任校对：闻 洋

书 号：ISBN 978-7-5591-2063-2
定 价：118.00 元（内含 10 张精美海报）

投稿热线：024-23284062
邮购热线：024-23284502
E-mail：1187962917@qq.com

动物博物馆

（西）玛丽亚·卡门·索里亚　著

潘　鸥　译

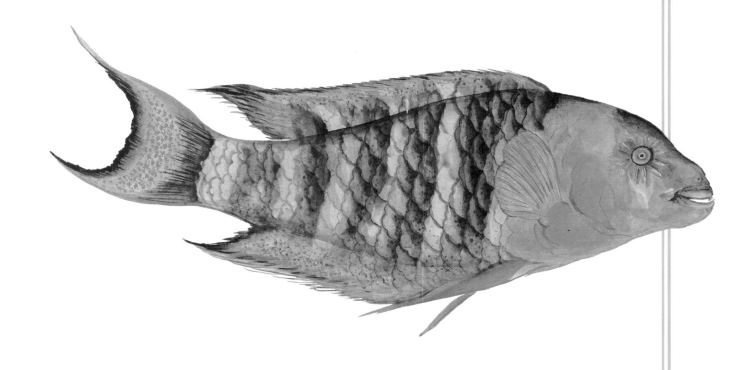

辽宁科学技术出版社

·沈阳·

目录

珍贵的动物手稿合集

下面的这位先生，是一位伟大的科学家，他的名字叫作凡伯海（Van Berkhey），（1729—1812），荷兰人，他年轻时当过医生、画家、教师，但是他最擅长的是博物，尤其是动物学。

作为一名科学家，凡伯海先生的一生都致力于研究各种动物，包括爬行动物、鱼类、昆虫、鸟类、哺乳动物、软体动物等，他将世界上的所有动物分门别类，并保留它们的标本或基因信息。

200年前，还没有照相机，科学绘画（尤其是动物和植物的绘画）对于人们提高自然科学认知以及物种研究和分类至关重要。凡伯海先生需要真实详尽的图画来研究物种和物种之间的区别与共性，并把它们归类。这要求画家画出的动物必须真实、细致，且颜色准确。

凡伯海先生用了40多年的时间收集了当时关于动物的绘画作品，整理出超过6500幅插图，并加以标注，组成了一个科学插图合集，这是当时最好、最完整的一部大型动物学百科全书，有着不可估量的研究价值。

1785年，西班牙皇室重金购买了这部合集，收藏于当时的西班牙皇家自然历史陈列室。今天这部合集收藏于西班牙国家自然科学博物馆，这本书里的动物插图就是来自那部伟大的作品。

莫妮卡·威吉丝
西班牙国家自然科学博物馆 档案员

Van Berkhey

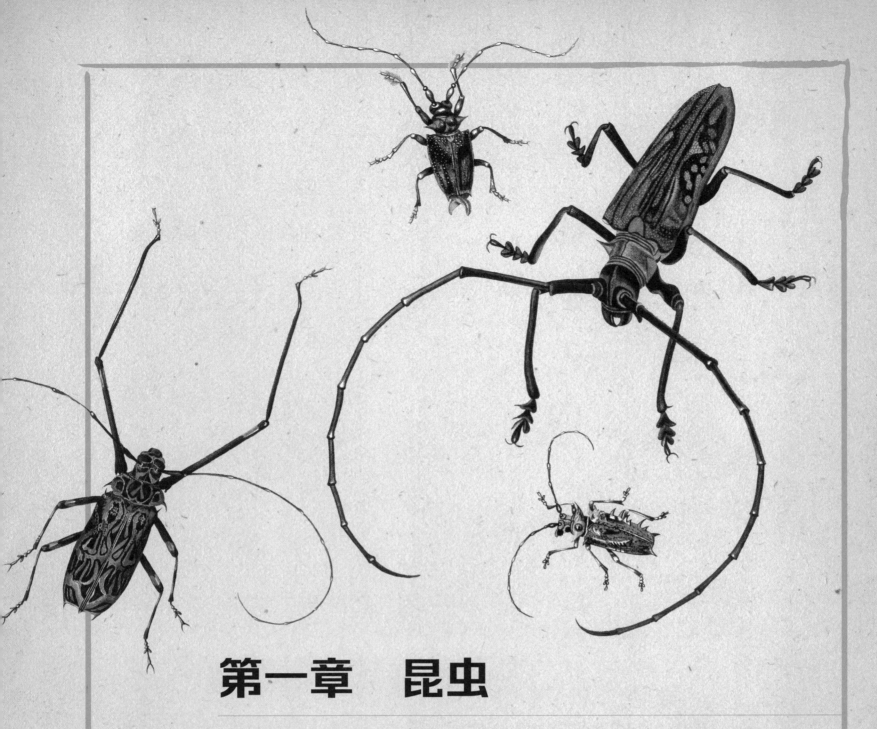

第一章　昆虫

昆虫是一种非常古老的动物，在恐龙时代之前就已经存在了。昆虫的身体分为头部、胸部、腹部三部分，一般来说，在头部有眼、嘴和一对触角，在胸部有2对翅膀和3对胸足，在腹部有生殖器官和大部分内脏。

不同种类的昆虫体积大小不一，有的必须用显微镜才能看到，有的则大如鸽子。

除了辽阔的海洋，昆虫几乎可以在任何地方利用各种自然资源去生存和繁殖，它们拥有超强的适应力，几乎可以适应所有的气候条件。

它们对地球自然生态和人类都有非常大的影响。有的昆虫是益虫，比如蜜蜂、瓢虫、蝴蝶等授粉昆虫，它们为植物传授花粉，是农业生产的好帮手；有的昆虫则是害虫，会传播疾病，给人类、动物乃至整个生态系统带来灾害。

埃帕洛·巴雷

梅赛德斯·巴利斯

西班牙国家自然科学博物馆（CSIC）昆虫学研究员

长戟大兜虫

犀牛甲虫

杏叶小兜虫

双叉犀金龟

燕普拉尼斯竖角兜虫

会飞的甲虫

鞘翅目昆虫，俗称甲虫，种类超过36万种，是迄今动物界中数量最庞大的群体。它们有一对坚硬的前翅（鞘翅），前翅可以在不飞行的时候覆盖在像薄膜一样的后翅上，起到保护作用。

昆虫出现在大约4.8亿年前的奥陶纪，是地球上数量最多的动物群体，目前人类已知的昆虫有100多万种，全世界已知和未知的昆虫数量加起来能达到3000万种。昆虫属于无脊椎动物中的节肢动物，它们体表坚韧的几丁质的骨骼被称为外骨骼，具有保护内部结构和3对胸足的作用。昆虫的身体分为头部、胸部和腹部。不是所有的昆虫都有翅膀，但是所有有翅膀的无脊椎动物都是昆虫。昆虫的头部有一对复眼，有些昆虫还拥有若干可以感知光线的单眼。除了眼睛以外，它们的头部还有一对触角。昆虫是用气管呼吸的，气管通过气门连接外部，空气则由气门进入气管。昆虫的繁殖方式大体分为4种，大多数昆虫是有性生殖，也就是雌性和雄性交配之后产下虫卵。此外，也有一些昆虫是孤雌生殖，也叫单性生殖，雌虫不必经过交配或卵不经过受精也会生长成新的个体。还有一些是卵胎生，也就是幼虫在雌虫体内完成发育后再被产出。还有一些雌雄同体的昆虫，可以自己完成繁殖。

昆虫的食物五花八门。无论是肉类、血液、植物、粪便，甚至发霉的木屑、动物的尸体、腐烂物，都可以成为昆虫的食物。因为吃的东西不同，昆虫的口器（嘴）长得形状各异。有些甲虫有很大的颚，比如长牙天牛，但是这对大颚并不是为了进食，而是为了攻击其他雄性或者在求偶时展示自己的强大。有些植食性昆虫看起来无害，但实际并非如此，如有一些蝗虫，少量聚集不会造成什么危害，但如果数以百万计的蝗虫聚集到一起，每天可以吃掉数万吨的植物，它们所到之处，将寸草不生，甚至引发瘟疫。

你知道吗？那些以尸体、腐烂物和粪便为食的昆虫对大自然是有益的，它们是自然环境的清洁工。

在有些地方，人们把昆虫当作美食，因为昆虫富含蛋白质，对身体有益。

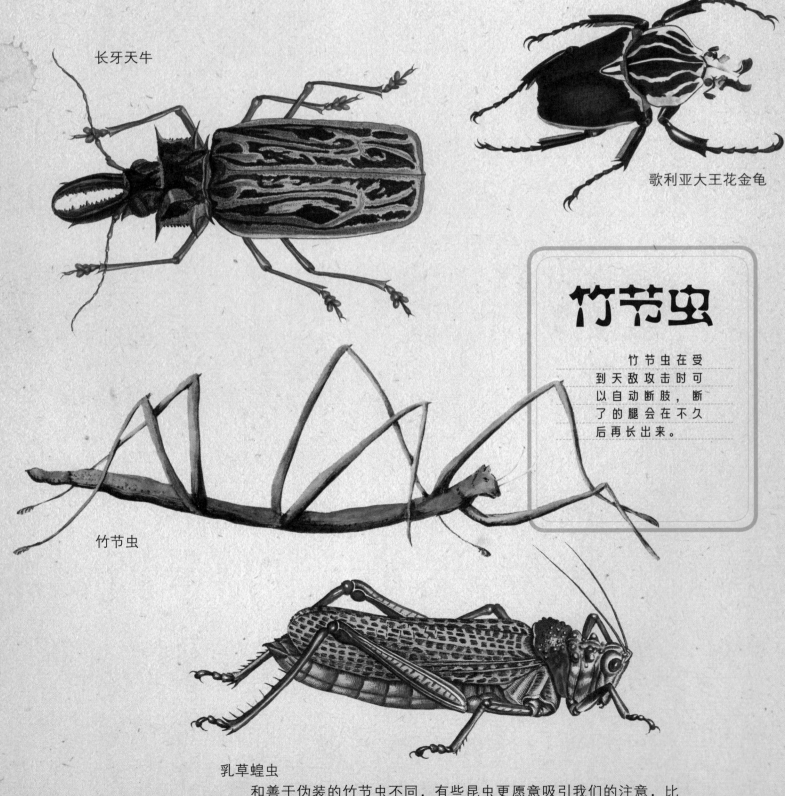

长牙天牛

歌利亚大王花金龟

竹节虫

竹节虫在受到天敌攻击时可以自动断肢，断了的腿会在不久后再长出来。

竹节虫

乳草蝗虫
和善于伪装的竹节虫不同，有些昆虫更愿意吸引我们的注意，比如这些颜色鲜艳的蝗虫。

8

提灯蜡蝉

赭带鬼脸天蛾

厉害的伪装

你一定想不到，有些昆虫善于伪装，它们的颜色和植物的颜色一模一样，有些则相反，它们的颜色十分鲜艳。还有一些昆虫善于伪装成更凶猛的动物，比如提灯蜡蝉，为了让自己看上去危险、凶猛，它们在静止时酷似鳄鱼幼崽。它们属于半翅目昆虫，并不是蝴蝶。

叶蝗虫

这些昆虫伪装得十分完美，极不容易被发现。

鳞翅目大群体

鳞翅目昆虫包括蝶和蛾两类。蝶类白天活动，蛾类夜间活动。这类昆虫十分多样，全世界已知的种类约20万种，还有许多未知的等待我们去发现和记录。

花粉使者

    昆虫在数百万年前与陆地植物同时出现，共同进化。这意味着昆虫和植物在漫长的进化中相互适应、相互依存。比如有些昆虫以花蜜为食，当它们在花朵中吸食花蜜的时候，身体在不经意间沾上了花粉，再在不经意间把雄蕊的花粉传到雌蕊的柱头上，雌蕊无意间完成了受粉。更有一些植物，如有些兰花特别擅长"引诱"授粉昆虫的到来，它们分泌出雄性昆虫非常喜欢的气味，使雄性昆虫完全被它们吸引，主动赶

来帮助它们传粉。

　　昆虫和植物之间这种特殊的默契不仅让植物获得了最大限度的繁殖，也让我们看到了令人惊异的生物多样性和独特性，至今仍有很高的研究价值。在这一页，你可以看到一些五彩斑斓的昆虫标本，如翠蓝眼蛱蝶和非洲达摩凤蝶。

世界上的昆虫种类繁多，它们为了保证自己能繁殖下去，进化和发育出了各种各样的防卫技能、攻击技能和进食技能。有些招数十分恼人，比如那些需要附着在其他动物身上的寄生昆虫，它们靠摄取寄主的营养来维持生存，让寄主受到伤害。它们通常寄生在其他动物的体表，以吸食血液为生。寄生昆虫叮咬寄主来吮吸血液，同时在伤口处分泌唾液，给寄主造成刺痛、瘙痒、过敏、红疹等反应。还有一种情况是寄生昆虫进入寄主体内吸取营养，在完成它们的成长周期后，逐渐把寄主杀死，这种寄生现象叫拟寄生。有趣的是，人们已经学会利用拟寄生的原理，用一些拟寄生昆虫物种抑制害虫繁殖，帮助农业防治害虫。相比于化学农药，这种生物防治方法更加环保和有效。

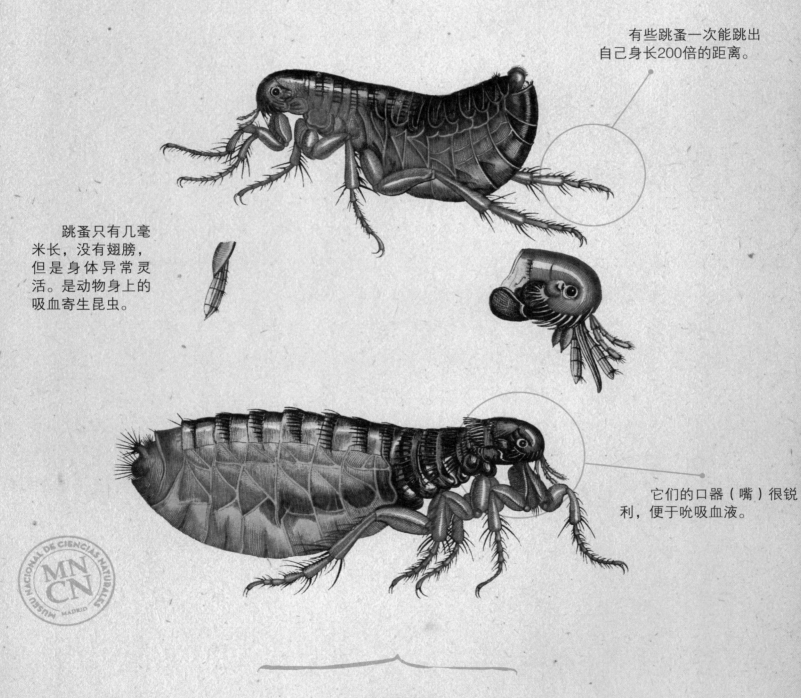

有些跳蚤一次能跳出自己身长200倍的距离。

跳蚤只有几毫米长，没有翅膀，但是身体异常灵活。是动物身上的吸血寄生昆虫。

它们的口器（嘴）很锐利，便于吮吸血液。

疾病传播者

吸血昆虫可以传播许多疾病。它们吸食了携带病毒的动物血液之后，在叮咬其他动物时会把疾病传给被它们叮咬的动物。发生在中世纪欧洲的黑死病就是一个著名的例子。病毒由跳蚤传给老鼠，再由老鼠传给人。那场瘟疫是毁灭性的，造成了欧洲近一半的人死亡。

许多昆虫在从幼虫发育到成虫的过程中都会经历变态发育。有的是完全变态发育，有的是不完全变态发育。完全变态发育的昆虫，一生要经过卵、幼虫、蛹和成虫4个虫期。最典型的就是蝴蝶，变态发育贯穿于它的整个生命周期。从虫卵中诞生出幼虫，幼虫再变成蛹，最后发育成完全不同样子的成虫，也就是蝴蝶。

不完全变态发育是从卵中诞生出和成虫形态类似的幼虫，幼虫经过一系列的蜕变和发育长成成虫。

鳞翅目昆虫（蝴蝶和蛾）的幼虫，也就是毛毛虫，具有3对胸足，4对或5对腹足和尾足。

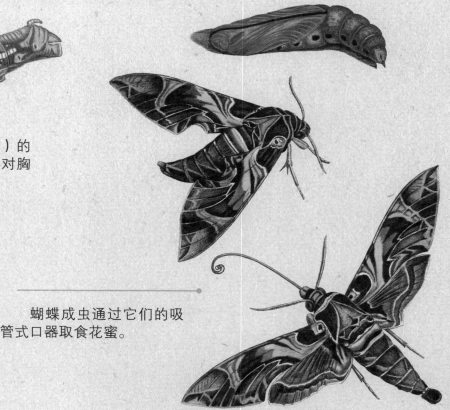

蝴蝶成虫通过它们的吸管式口器取食花蜜。

昆虫的变态发育

夹竹桃天蛾

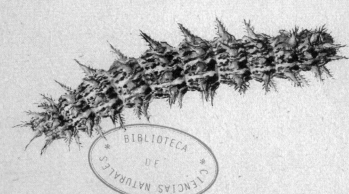

古毒蛾幼虫

由于不同幼虫所属的种类不同，它们的特征也不尽相同。有些幼虫颜色鲜艳，仿佛在告知捕食者们它们浑身长满刺毛或是有剧毒，不要轻易招惹。

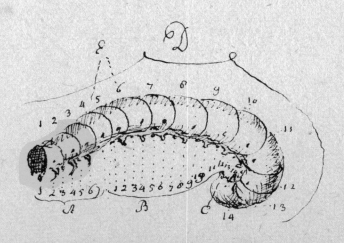

P.115

Porc-epic de Mer pris à la côte du Bresil.

第二章　鱼

    鱼类属于脊椎动物，它们的生存离不开水，有的生存在淡水中，有的生存在海水中。纵观鱼类漫长的进化史，为了获取食物、防御天敌、繁衍生息……它们经历了无数次不同程度的适应和演变，最终进化成今天的样子。如今，鱼类的生存正在遭受来自全球的威胁，水资源的污染、过度捕捞、物种入侵……气候变化也对它们的生存造成了重大影响。

杰玛·索利斯·弗拉类
西班牙国家自然科学博物馆（CSIC）鱼类生物研究员

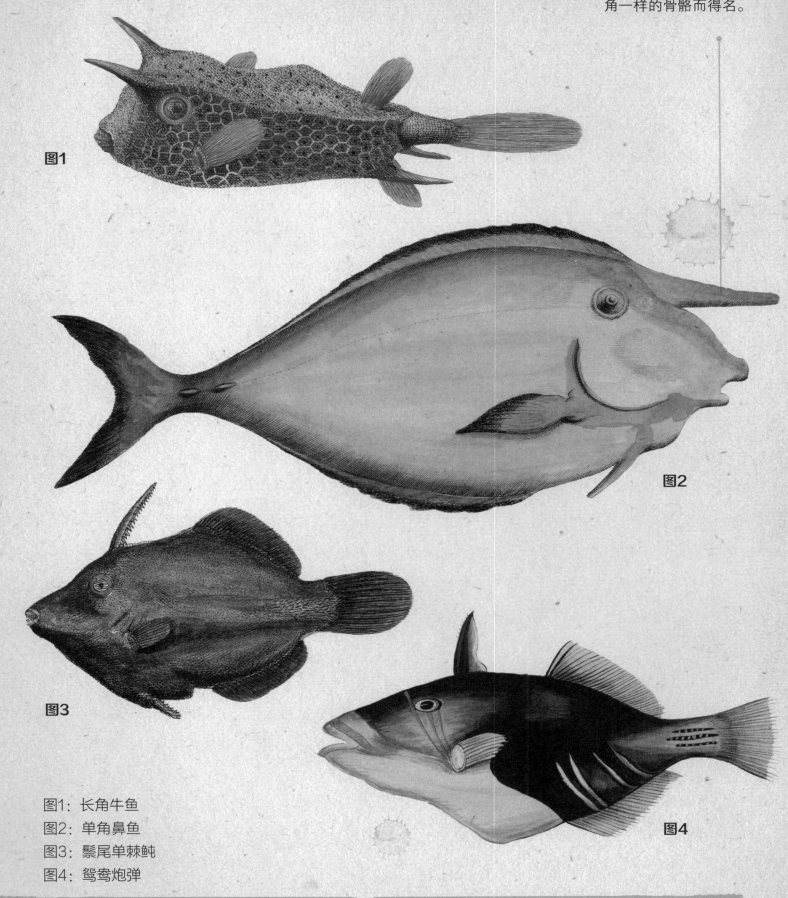

单角鼻鱼又叫独角吊，因头部长有一个像角一样的骨骼而得名。

图1

图2

图3

图4

图1：长角牛鱼
图2：单角鼻鱼
图3：鬃尾单棘鲀
图4：鸳鸯炮弹

鱼类是最古老的脊椎动物，大约出现在距今5亿年前的寒武纪。最开始的时候它们的身体呈圆柱形，没有下颌，今天，它们已经进化得十分多样，种类成千上万，遍布全世界。鱼类可分为两个总纲，有颌总纲和无颌总纲。有颌总纲包括软骨鱼纲、辐鳍鱼纲和盾皮鱼纲，无颌总纲包括圆口纲和甲胄鱼纲。鱼是变温动物，也叫冷血动物，体温随着周围环境的变化而变化。它们普遍用鳃呼吸，但是有些也能在离开水的时候用皮肤或者肺部呼吸。它们大多有鳞片，没有毛发，通常用鳍来游动。大部分海洋鱼类是卵生的，靠雌鱼产卵，也有一些是卵胎生的，鱼卵在雌鱼体内发育成熟后再从母体产出；还有一些是胎生的，雌鱼直接产出发育完整的幼鱼。

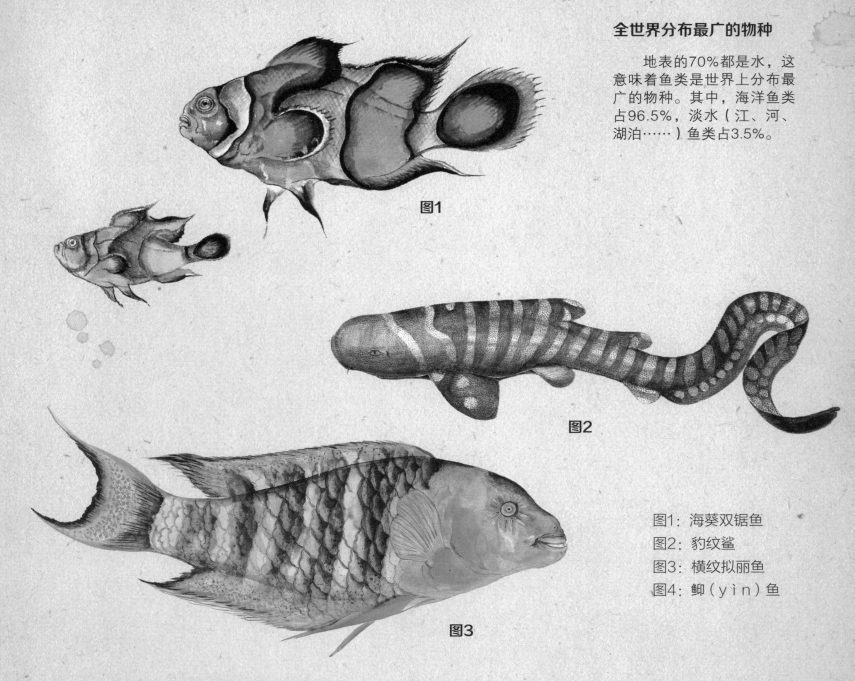

全世界分布最广的物种

　　地表的70%都是水，这意味着鱼类是世界上分布最广的物种。其中，海洋鱼类占96.5%，淡水（江、河、湖泊……）鱼类占3.5%。

图1：海葵双锯鱼
图2：豹纹鲨
图3：横纹拟丽鱼
图4：鮣（yìn）鱼

图1

图2

图3

你知道鱼是怎么睡觉的吗？在休息或睡觉的时候，它们的活动减少，呼吸频率降低，有些鱼类下沉到深水中或躲在角落缝隙中，让自己保持不动，不被水流冲走；有些有鱼鳔的鱼类则可以在水中边游边睡。有一些鱼类还能在产卵期和迁徙期坚持在一段时间内不睡觉！鱼需要稳定的水流来维持鳃呼吸，所以睡觉时不得不一直游动，它们的睡眠类似于冬眠，大脑的一部分处于休息状态，一部分则要继续工作，负责维持漂浮，这和人类大脑的运作方式完全不同。

　　鱼没有眼睑。有些鱼类，比如鲨鱼，它们的眼睛上覆盖着一层透明薄膜，起到保护眼睛和维持视力的作用。

　　鮣鱼的头上长有一个椭圆形吸盘，可以吸附在其他鱼身上旅行或寻求保护。

图4

鱼的记忆

　　人们都说"鱼的记忆只有几秒"，但这并不是真的。事实上，它们能记住很多事情。比如它们能记住哪儿有食物，能记住咬钩子是危险的……有一些鱼的记忆可以维持几天甚至几个月。

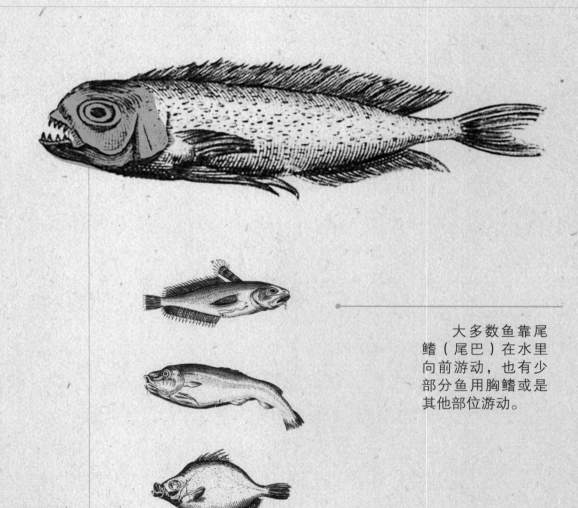

　　大多数鱼靠尾鳍（尾巴）在水里向前游动，也有少部分鱼用胸鳍或是其他部位游动。

鱼的漂浮

　　大部分的硬骨鱼都有鱼鳔，鱼鳔通过充气和放气让鱼毫不费力地在水里漂浮。鱼鳔内气体越多，鱼的身体密度越小，也就越往上浮，气体越少，身体密度越大，越往下沉。海底鱼类因为长期生活在海底，不需要上浮，所以没有鱼鳔。

　　几百万年前，鱼类进化出了下颌，这是动物进化史的一次重大飞跃。今天，我们可以见到无颌鱼类，也可以见到长着强壮下颌和锋利牙齿的鱼类，它们可以直接将猎物一口吃掉。

伟大的物种多样性

　　各种各样的鱼在不同地区、不同环境、深浅不一的水域繁衍生息，这些丰富的海底物种是蕴藏在海底的巨大财富。比如，有的鱼有坚硬的鳞片，而有的鱼没有鳞；有的鱼很小，而有的鱼有几米长（例如锤头鲨可长达6米）；有的鱼在水面生存，而有的鱼生活在1000米以下黑暗的深海……

　　你知道吗？大多数鱼只能生活在淡水中或只能生活在海水中。这是因为它们已经适应了周围的水体环境。

但是也有一些鱼可以适应一定的盐度变化，如果有需要，它们可以从淡水到海洋里生活，或从海洋到淡水里生活。大多数鱼类习惯用鱼鳍来游泳，但有些鱼例如科芬鱼和躄鱼（也叫跛脚鱼），它们只有尾巴，鱼鳍不发达，于是就用尾巴游动。值得一提的是，躄鱼的色彩十分丰富，有各种各样的颜色，是整个动物界中最多彩的动物。

鱼类在含氧量低的水里也能生存，这多亏了它们头部两侧的鱼鳃。鱼鳃是鱼的呼吸器官，呼吸时水从鱼嘴进入，从鱼鳃流出，在这个过程中溶解在水里的氧气被鱼鳃里的毛细血管吸收，随着血液循环至鱼的全身。硬骨鱼的呼吸系统更复杂，它们的鳃被鳃盖骨覆盖和保护，这样的身体结构让它们的呼吸更高效：张开嘴时，鱼鳃闭合，让水流入；闭上嘴时，鱼鳃张开，水从两鳃流出。

没有这种闭合功能的鱼类只能在向前游时一直张着嘴，从而保证更多的水进入鳃里，大部分的鲨鱼都是这样的。因为这种呼吸系统效率比较低，所以有这种呼吸系统的鱼大多在含氧量高的水域里活动。

除此之外，我们还发现有些鱼能用皮肤呼吸，比如鳗鲡。它的体表布满了微血管，能吸收空气中的氧气，和用鳃呼吸类似。还有一种肺鱼，它们有一个或多个真正的肺，也有不太发达的两鳃，在需要的时候，它们会用嘴吸入空气，用肺部呼吸，没有水也能生存。

图1

图2

图3

水下飞行的鱼

东方飞角鱼（学名：东方豹鲂鮄），有一对惊人的胸鳍，可以在水中快速游动，就像在飞一样，遇到危险的时候，这对威武的胸鳍还能吓跑敌人。虽然长得像飞鱼，但它其实并不属于飞鱼族。

图1：黑色鮟鱇　图2：白带鱼，又称高鳍带鱼　图3：东方飞角鱼

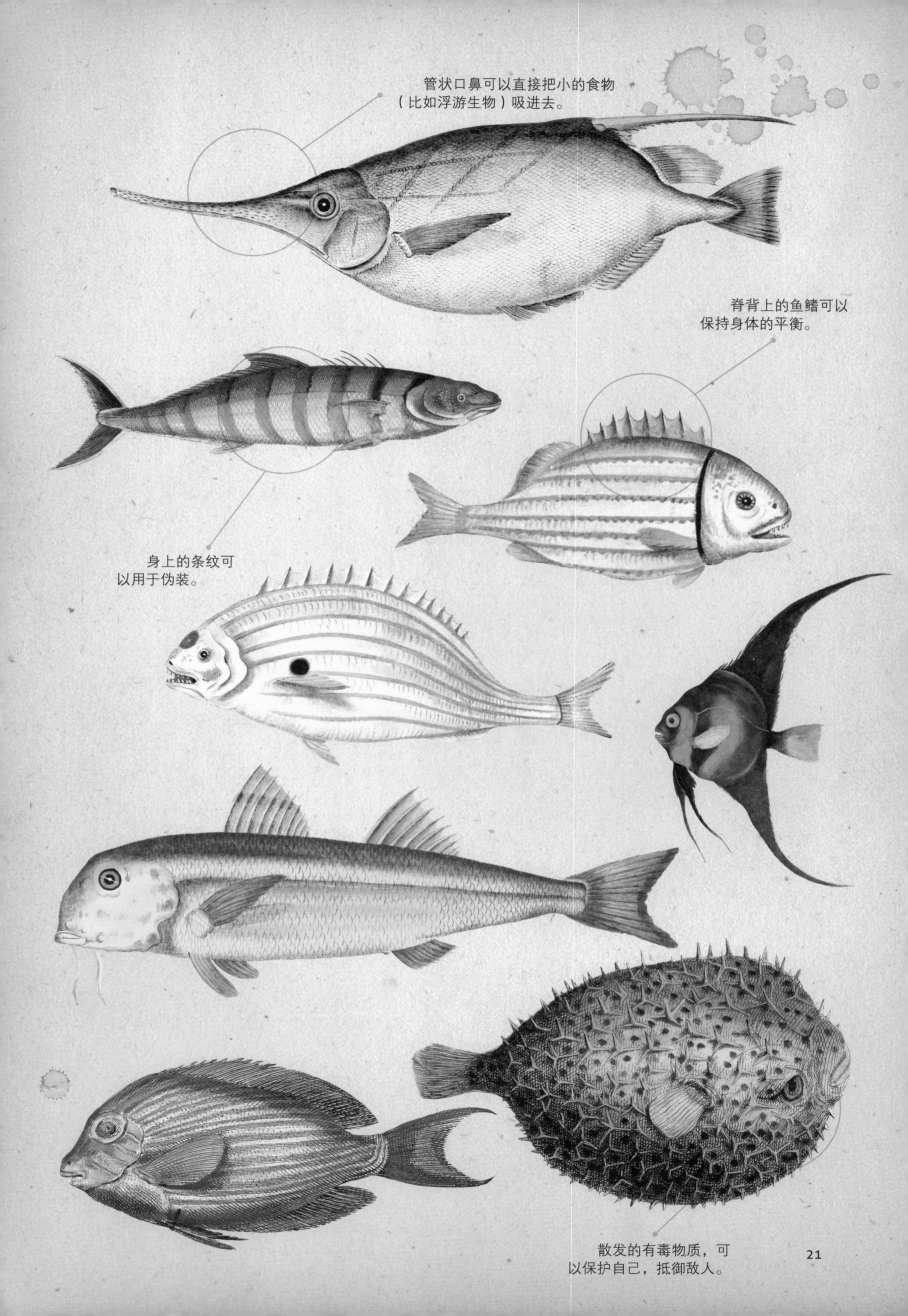

管状口鼻可以直接把小的食物
（比如浮游生物）吸进去。

脊背上的鱼鳍可以
保持身体的平衡。

身上的条纹可
以用于伪装。

散发的有毒物质，可
以保护自己，抵御敌人。

第三章　爬行动物

现在有很多专家支持把爬行动物和鸟类并列归为蜥形纲。你一定想不到，在所有四足脊椎动物中，和鳄鱼亲缘关系最近的是鸟类，而不是爬行动物。有些研究人员也会把鸟类归入爬行动物。

爬行动物大约有8000个物种，大致分为四大类：

1.乌龟或者海龟类。它们有明显的外壳和腹部，很容易识别。

2.鳄鱼家族，包括鳄鱼、印度食鱼鳄、短吻鳄。它们是大型水生食肉动物，是目前为止最大的爬行动物（海鳄鱼身长可达6米）。

3.楔齿蜥，也叫喙头蜥，是仅存于新西兰的活化石，在中生代时期非常多样化，但现在仅存3种。

4.鳞片爬行动物。绝大多数的爬行动物身体表面都覆盖着鳞片，包括蜥蜴、蛇、巨蜥、壁虎、蛇蜥、蠕蜥……以及一些其他罕见的物种。

爬行动物在化石中留下了大量的痕迹，它们大约出现在3亿年前的古生代石炭纪，在中生代时期经历了大规模的多样性进化。在此期间，出现了恐龙、翼龙（飞行爬行动物）以及大型海洋爬行动物，它们也是在这个时代末期灭绝的。

玛塔·卡沃·瑞威塔
西班牙国家自然科学博物馆
两栖动物和爬行动物研究员

翡翠树蚺

又名翡翠蟒，最长可达2.5米，

通常栖息在树上，伺机捕食，

它们会用长的门齿来咬住猎物，然后把猎物缠绕至死。

这种蛇的身体上覆盖着鳞片。

它们能吞下整个猎物。

它们的身体可以被撑到和猎物同样大小。

爬行动物大约出现在3亿年前的石炭纪。经过了无数的分支进化，才出现了今天我们所见的数千个种类，例如蜥蜴、乌龟、蛇、鳄鱼以及鸟类。和两栖动物不同，爬行动物有着发育良好的肺部，可以在没有水的地方生存。此外，雌性爬行动物产的卵带有坚硬的外壳，不仅可以保护里面的胚胎，还能保证胚胎所需的养分和水分不流失。爬行动物的皮肤缺乏皮脂腺，非常干燥，所以爬行动物进化出了鳞，鳞可以防止水分散失，保护皮肤。爬行动物属于变温动物，又称冷血动物，身体的温度随着周围环境的变化而变化，所以它们经常在阳光下晒太阳。除了蛇和某些品种的蜥蜴，大多数爬行动物用四肢行动。

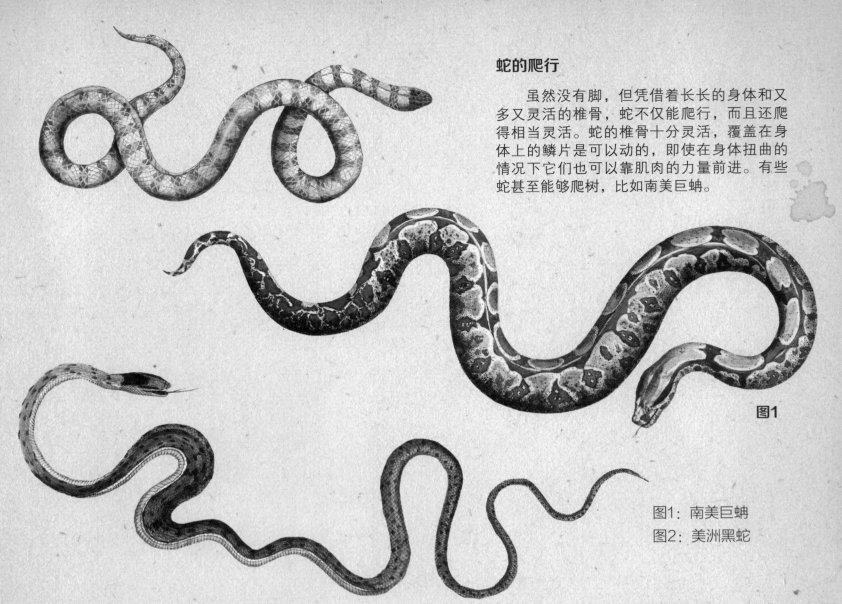

蛇的爬行

虽然没有脚，但凭借着长长的身体和又多又灵活的椎骨，蛇不仅能爬行，而且还爬得相当灵活。蛇的椎骨十分灵活，覆盖在身体上的鳞片是可以动的，即使在身体扭曲的情况下它们也可以靠肌肉的力量前进。有些蛇甚至能够爬树，比如南美巨蚺。

图1：南美巨蚺
图2：美洲黑蛇

图1

毒蛇用牙齿把毒液注入猎物的身体。分泌毒液是为了保护自己。

蛇和其他爬行动物经常吐舌头，是因为它们没有嗅觉，需要从空气中或地面上收集一些微粒物质去"分析"味道。它们把舌头缩回之后，再伸到口腔顶壁的一对盲囊里，这个部位叫犁鼻器，它在舌头的帮助下实现嗅觉功能。蛇还会用舌头去感知周边世界，当它们需要侦测周围环境时，会利用快速吐舌头的方式收集空气中的微粒。当微粒收集完毕后，犁鼻器进行气体辨认和分析，然后将嗅觉转化为精确的信息传送到它们的大脑。

蛇的另一个有趣特征是进食方式，它们不会把食物咬碎，而是整个吞下去，然后用胃液消化食物，最后排出骨头和不能消化的部分。对毒蛇来说，它们的毒液可以让猎物瘫痪，这样有助于消化猎物，整个消化过程可以持续几天甚至几周。

图2

Capites alis, et foemom
Croceo. Psi uestues Linn. no 32
geels en groen bonte groote Papegaay
Kley fann 111 gen 1 N7 vel 14

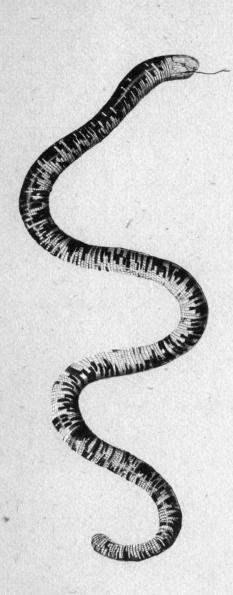

鹦鹉蛇

蛇的听力并不发达。

蜥蜴目是爬行动物种类中最多的一个类群。蜥蜴、美洲鬣蜥、蛇蜥、非洲蜥等都属于蜥蜴目。有些蜥蜴只有几厘米长，而有些却长达数米。

圆鼻巨蜥

全长可达1.5米左右，

居住在水旁，擅长游泳，

可以持续潜水30分钟。

Teshidenis Manna Pullus.
feo tab 79. no 5
Teshido Mydas linn. no 3

有壳的爬行动物

　　乌龟的壳是它们的骨骼，可以保护它们的身体，是脊柱的一部分，表面覆盖角质鳞片。但软壳龟没有外壳，它们的表面是柔软而结实的表皮。陆地龟可以把头和四肢缩到壳里，但是海龟不能，因为它们的躯干和四肢已经更好地适应了在海里游泳，所以无法将头和四肢缩进壳里了。

　　乌龟进化成今天的样子，主要是为了便于捕食，当猎物经过时，它们会把藏在壳中的头迅速伸出来，咬住猎物。它们的嘴有些类似于鸟喙，嘴里长着锋利的牙齿。乌龟的呼吸不同于人类，它们的肋骨在呼吸的时候不能展开，但它们强壮的腹肌，可以让它们做腹式呼吸。

爬行动物每年都要经历多次的蜕皮。不同的动物，蜕皮的方式不同：蛇是一次性脱掉所有的皮，就像从一个外套里钻出来一样；别的动物却是缓慢地蜕皮，或者只脱掉一小块。动物脱掉原有的表皮，长出新表皮的过程就叫蜕皮。蜕皮是为了满足其生长需要，缓慢且持续。有的蜥蜴还有一个特别的技能，就是当它们遇到严重威胁的时候，往往会自断尾巴，乘机逃跑。这属于动物的自主防御行为，敌人的注意力会被断了的尾巴吸引，蜥蜴就能伺机溜之大吉。不过不用担心，它们断掉的尾巴还会慢慢长出来。

褐冠蜥

水面上行走的蜥蜴

　　有一种蜥蜴，它们的爪子细长且长有蹼，可以在水面上飞快地行走，是名副其实的"水上飞"。它们在遇到敌人的时候，会用后肢站立，然后迅速逃离，这就是褐冠蜥。雄性褐冠蜥的身体比雌性要大，头上长有鸡冠状的突起，背部有鬃状帆背，一直向身体后方展开。

大多数人对鳄鱼的印象还停留在动物园里的那几种，其实鳄鱼的种类很多，有食鱼鳄（吻部狭长）、美洲鳄、凯门鳄（凯门鳄和美洲短吻鳄有亲缘关系）等。凯门鳄只分布在美洲，栖息在淡水里，吻部宽阔，呈U形。鳄鱼分布在亚洲、非洲、澳大利亚和中美洲，大多数栖息在淡水中，也有少数栖息于海里或生活在海边的浅滩，吻部多呈V形。

湾鳄又名食人鳄，是现在世界上最大的爬行动物。雄性成年湾鳄身长一般可达5米，雌性湾鳄可长达3米。现在所发现的最大湾鳄有7米长。

瞬膜

瞬膜，也叫第三眼睑，是爬行动物眼部所特有的一层透明或半透明的薄膜，可以保护眼球，保持眼睛湿润。因为瞬膜是无色的，所以不管眼睛是闭合还是打开，肉眼都看不见，只有用慢镜头或者特殊摄影技术我们才能看到它。

蜥蜴和两栖动物蝾螈在外形上有些相似，十分容易混淆。虽然它们在泥盆纪时期有共同的祖先，但从那之后它们各自开始了不同的进化史，是完全不同的两种动物。

第四章　哺乳动物

　　哺乳动物是脊椎动物，它们的种类并不是很多，现今已经记录的哺乳动物不超过5500种。虽然种类不多，但是相当多样化，有重达几吨的非洲大象、蓝鲸，也有仅重数克的蝙蝠。它们有的擅长跑步，有的擅长跳高，有的擅长游泳、滑翔或飞行。它们有着强大的适应能力，哺乳动物几乎遍布地球上所有的生态系统，从水里到陆地，从赤道到两极。

安吉·卡维亚

西班牙国家自然科学博物馆

哺乳动物研究员

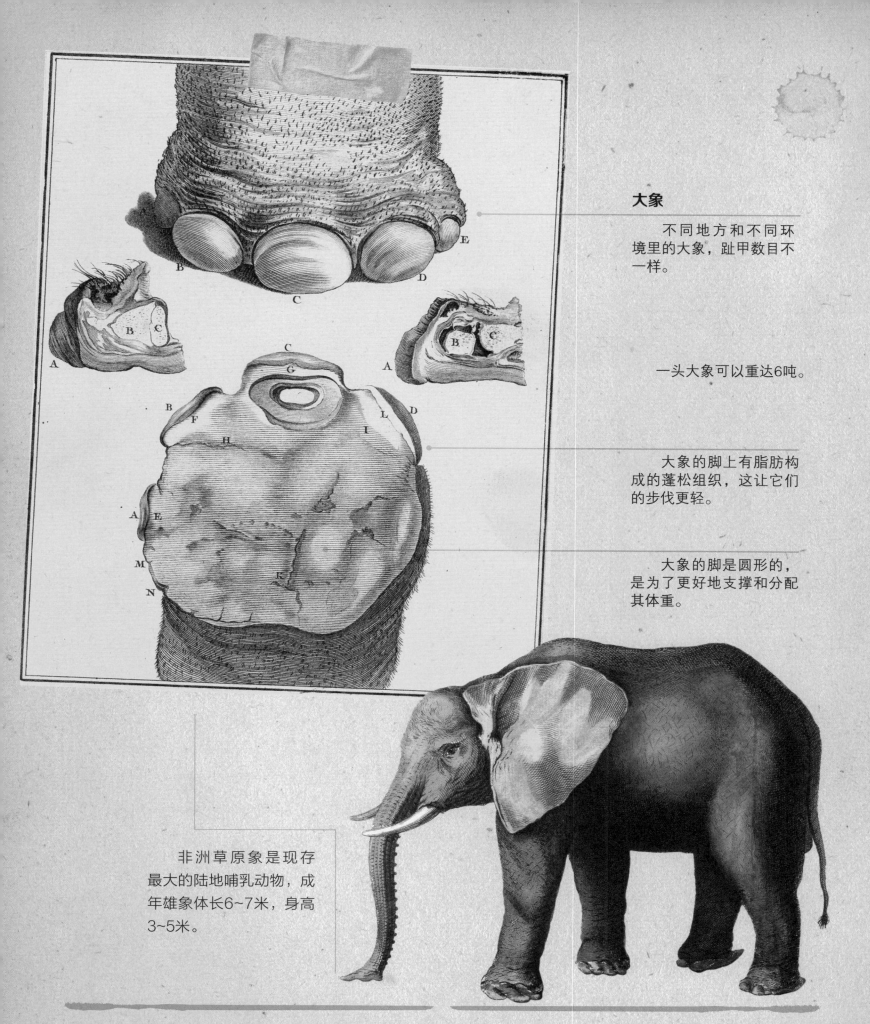

大象

不同地方和不同环境里的大象，趾甲数目不一样。

一头大象可以重达6吨。

大象的脚上有脂肪构成的蓬松组织，这让它们的步伐更轻。

大象的脚是圆形的，是为了更好地支撑和分配其体重。

非洲草原象是现存最大的陆地哺乳动物，成年雄象体长6~7米，身高3~5米。

哺乳动物是从三叠纪时期的兽孔类动物进化而来的。它们体积较小，恐龙的灭绝让它们的活动范围逐渐扩大，体积也逐渐变大。不同于爬行动物，哺乳动物进化的突破之一就是能够保持身体温度的恒定，所以它们叫恒温动物。它们身上没有鳞片，取而代之的是毛发，也有些哺乳动物例如海洋哺乳动物，身体上是没有毛发的。毛发的主要功能是与外界隔温，有些哺乳动物会在季节交替时换毛。除了鸭嘴兽和针鼹（像刺猬一样身上有刺的动物），哺乳动物都是胎生的，胚胎在母体中发育，母体直接产出幼崽。而鸭嘴兽和针鼹都是有袋动物，针鼹在育儿袋里孵卵，孵化出来的小针鼹幼崽在育儿袋里成长，直到发育完全。所有的哺乳动物幼崽都喝母乳，哺乳动物有乳腺。

图1：蜂猴
图2：绿猴
图3：山魈（雄性）
图4：山魈（雌性）
图5：绒顶柽柳猴

图2

图3

图1

图4

图5

人类的近亲

　　和人类一样，灵长类动物也是哺乳动物。人类和黑猩猩的基因相似度高达99%，一些猩猩有复杂的社会关系，会使用工具，甚至会使用一些特殊的语言信号与人类交流，它们是高智商动物的代表。大部分灵长类动物分布于世界各地的丛林，今天，它们当中的半数正在面临着巨大的生存威胁。

瞪羚

瞪羚是非常敏捷的动物，奔跑速度非常快。大多数瞪羚分布在非洲大草原，也有少部分分布在亚洲。

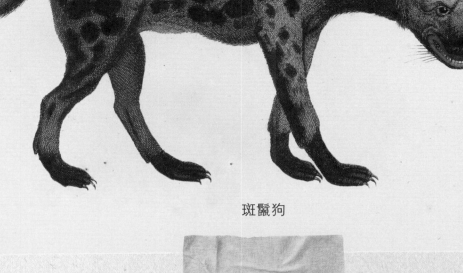

斑鬣狗

阿拉伯瞪羚

食物专家

有些哺乳动物是食肉动物，有些哺乳动物是食草动物。还有些哺乳动物既吃肉也吃草，我们称之为杂食动物。比如野猪，它们的胃口好到极致，什么都吃，粮食、树皮、虫子或是啮齿动物都可以成为它们的食物。

斑鬣狗不仅以腐烂的肉为食，还以独自猎杀的羚羊等动物为食。

野猪

环尾狐猴

西班牙猞猁

曾是世界上濒临灭绝的猫科动物，不过其种群现在正在逐渐恢复中。

没用的就不要了

为了适应生存的需要，哺乳动物的脚和脚趾进化得五花八门，有的进化出了拥有趾甲的细长爪子，能更好地捕猎；有的进化出了可以自由伸缩的爪子（除猎豹之外的大部分猫科动物）。在进化中，它们总也用不到的趾会逐渐消失，或者缩小到很小。这种情况常见于有蹄动物，例如野猪和山羊。

有蹄动物一般用蹄上的一对趾支撑身体，但马、斑马和驴只有一个发育得十分强健的趾，比如马掌。与之相反，一些动物行走时需要把重量集中在整个足底，比如灵长类动物，它们拥有很长的趾，以便更好地抓握或是爬树。还有一些动物，它们的拇指更为发达，可以像钳子一样抓住其他东西。

食草动物中有一些是反刍动物，如牛科动物（牛、山羊、绵羊……），它们的消化系统不同于一般的食草动物，它们有4个胃，每个胃都有消化功能，能对食物中难以消化的粗纤维进行发酵、过滤、磨碎以及营养成分的粗吸收。首先植物经过口腔进入第一个胃，胃汁将食物浸泡和软化，之后半消化的食物重新返回到口腔，经过再次咀嚼，混入唾液，进入下一个胃里。由于它们吃的食物通常比较粗糙，而且食草动物常常是食肉动物的潜在猎物，所以这种消化方式的优势之一是让它们不必长时间把头埋在草丛里进食。它们可以快速吃掉食物，然后到另一个对它们来说更安全的地方去，把吃下去的食物交给4个胃，慢慢反刍。反刍动物有一些共同特点，比如有角的动物大多数是反刍动物，一般雄性的反刍功能比雌性的更强。

图1

图2

图3

不反刍的食草动物

马、驴等马科食草动物不反刍，它们的消化系统相对简单。它们吃的食物与反刍动物吃的食物不同，大多是更容易消化的植物。

图1：瘤牛　图2：家山羊　图3：驴

一些山羊的角呈螺旋状生长。

角上长有的类似年轮一样的花纹，向我们揭示了动物的年纪。

鹿科动物有鹿角，牛科动物也有角。值得注意的是，世界上所有的羊都是牛科动物。

鹿角和牛角的区别

鹿角其实是颅骨突起，通常有分叉，而且一直在生长。刚长出来时，鹿角外面包裹着皮肤，有毛发，内部有血管和神经。

牛角也是骨头，被一层角蛋白外壳（类似指甲）覆盖。牛角也是不断生长的，但是没有分叉。雄性的角比雌性的角大一些。

第五章　鸟类

　　鸟类属于脊椎动物，它们是由恐龙进化而来的。在其漫长的进化史中，它们历经了身体结构的巨大改变，由不会飞行的动物进化成了可以飞行的动物。为了适应飞行，它们的身材必须很纤细，体重不能太重，为此，它们减轻了骨架的重量，放弃了锋利的牙齿。此外，它们的骨头是空心的，有气囊，这样就能充满空气，减轻飞行时的重量。

何塞菲娜·巴莱若

西班牙国家自然科学博物院 鸟类研究员

天堂鸟——新几内亚长尾极乐鸟

它们是栖息在大洋洲的热带鸟类，大部分生活在新几内亚。它们的羽毛颜色绚烂多彩，通常雄性的羽毛颜色比雌性的羽毛颜色更加鲜艳。

图1：长尾极乐鸟
图2：金雕
图3：厚嘴巨嘴鸟

图1

图2

图3

尽管鸟类和恐龙的外形截然不同，但它们确实是从恐龙进化而来的。始祖鸟非常有名，曾被认为是最早出现的鸟类，生存在距今1.5亿年前的侏罗纪，甚至更早。一开始，它们有爪子和翅膀，长有羽毛，随着生态演变，它们逐渐进化，以适应新的环境。今天，有几千种形态各异的鸟，虽然它们大小不一，颜色不同，声音各异，有的是候鸟，有的是留鸟……但是它们都有着许多共同的特点。

首先，它们都是卵生的，雏鸟孵出时已经充分发育。其次，它们拥有翅膀，大部分鸟类可以飞行。可以飞行的鸟类的骨骼是空心的，可以充满气体，飞行时使身体更加轻盈。最后，所有的鸟类都有羽毛，羽毛是由表皮细胞衍生的角质化产物，大多数鸟类每年都有换羽的过程。鸟的嘴巴由叫作嘴鞘的硬角质覆盖。

飞行是大多数鸟的移动方式，也有一些鸟不会飞，大多是因为它们的栖息地没有捕猎者，所以逐渐丧失了飞行技能。这种情况常常发生在一些没有危险、与世隔绝的岛上，不会飞的鸟通常有健硕的双腿，体重比较重，因为它们已经不需要轻盈的身体了。还有生活在海边的鸟，为了适应海上生活，它们的羽毛逐渐退化，翅膀也慢慢进化成鳍的样子，以便更好地游泳和下水觅食。飞行的鸟为了适应不同的飞行条件，飞行方式各不相同：有借助空气气流飞行的，比如大雁，它们几乎不用扇动翅膀就能省力地飞；还有借助翅膀的扇动获得升力飞行的，比如红隼，它们可以在空中快速扇动翅膀，从而保持静止，以等待猎物的到来。

图1

图2

食火鸟是世界上公认的最危险的鸟，它们会毫不犹豫地用强壮的腿和锋利的爪子攻击别的动物，甚至人类。

图3

爪子传递的信息

由于使用爪子的方式不同，鸟的爪子进化成了不同的样子。有的鸟为了抓住猎物，爪子变得非常锋利；有的鸟为了抓住粗细不一的树枝，趾变得细长柔软；而那些需要用爪子走路或者跑跳的鸟，它们的爪子非常强壮。

图4

有的鸟爪子的功能很单一，只能抓树枝或在地面上站立，有些甚至不能一步一步地走，只能跳着前行。

图5

图6

猛禽拥有锋利的爪子，是凶猛的捕猎者。

图1：紫背苇
图2：食火鸟
图3：雉鸡
图4：喜鹊
图5：辉青水鸡
图6：红隼

没有什么是偶然的

　　和翅膀、爪子一样，或者为了适应捕食环境和吃掉
食物，或者为了防御，鸟类的喙也一直在进化。

　　一般来说，鸟类的喙没有什么特殊形状，因为不需

要用它来保存食物。但是一些特殊的鸟类，比如鹈鹕，它们的喙像一个大袋子，这个大袋子可以过滤掉水，只留下它们抓住的鱼。鸟类没有牙，它们的胃里贮有吞入的砂粒，可以用来磨碎食物，有的鸟吃石头，就是因为这样有助于消化。

鸟 的鸣叫有多种类型。啭鸣像歌声一样，通常富有旋律、重复，尤其在繁殖季节，雄鸟为了求偶，鸣声婉转动听，十分频繁，这种鸣叫能够吸引雌鸟的注意。雀形目鸟类，比如喜鹊、麻雀、黄鹂等，就非常善于啭鸣。还有一种鸣叫是叙鸣，声音非常简单，通常用于呼唤同伴或者面对危险时发出警告。

听声辨鸟

很多鸟的鸣叫声都极具特色，可以通过它们特殊的声音来识别它们，比如黄喉蜂虎，除了拥有世界上最五彩斑斓的羽毛之外，它们特殊的鸣叫声也能让人们在很远的地方就分辨出它们。

图1

图2

金翅属鸟，包括歌声婉转动听的朱顶雀，是会唱歌的鸟类之一。

图3

图4

图1：黄喉蜂虎
图2：翠鸟
图3：朱顶雀
图4：王风鸟
图5：斑尾塍（chéng）鹬

图5

你发现了吗？许多鸟类，比如鸭子，能够在水面上待很长时间而且身上竟然一点儿也不湿，这是为什么呢？因为鸭子的尾巴上长有一个可以分泌油脂的尾脂腺。鸭子下水之前，会用它们大大的嘴巴把油脂均匀地涂抹在它们的羽毛上，这样水就不会浸湿它们的羽毛，它们可以随时从水面上飞走。

黑夜之王

夜行猛禽是一种很有意思的鸟。它们拥有一双铜铃般的眼睛，瞪得大大的，可以看清黑夜中的一切。它们的脖子能大角度旋转，有的猫头鹰甚至能够把脖子旋转270度，不用转身就可以洞察周围的一切。它们还有超强的听力，能够通过声音迅速抓住猎物！

45

林鸳鸯是北美洲的一种小型树栖鸟。雄性林鸳鸯有着色彩艳丽的羽毛，而雌性林鸳鸯的羽毛颜色大多以棕色为主。

图1

留鸟和候鸟

留鸟一般指一年四季都生活在同一个地方的鸟，而候鸟是指随着季节变化而迁徙数百千米甚至数千千米的鸟。

有意思的羽毛

在鸟的世界中，雄性和雌性除了身体结构不一样，它们的羽毛也不一样。一般情况下，雄鸟的羽毛颜色更加丰富多彩，但也有一些鸟，雌性和雄性的羽毛颜色平时大体相同，只在一年中的繁殖季节会发生变化，多数情况下，雄性的羽毛会变得更加漂亮。这时候的羽毛被称为婚羽。

图2

鸦科是鸟中非常聪明的一支。例如松鸦，它们有超强的记忆力，能够解决难题，甚至会借助工具吃到难以得到的食物。

图1：林鸳鸯
图2：松鸦

鹦鹉羽毛华丽、善于鸣叫。它们的智商非常高，善于解决一些简单的问题，而且会模仿人类说话。鹦鹉没有声带，它们发声主要靠气管和支气管之间的鸣管。通过鸣管周围肌肉的收缩或松弛，回旋震动发出声音。它们有着鸟类中相对发达的大脑，通过聆听周围的声音来模仿，这就是鹦鹉学舌的原理。它们的嘴如锋利的钩子，它们以浆果、种子、叶子、嫩木、幼虫等为食。

鹦鹉主要分布于南半球热带地区，特别是南美洲、澳大利亚、新几内亚等。

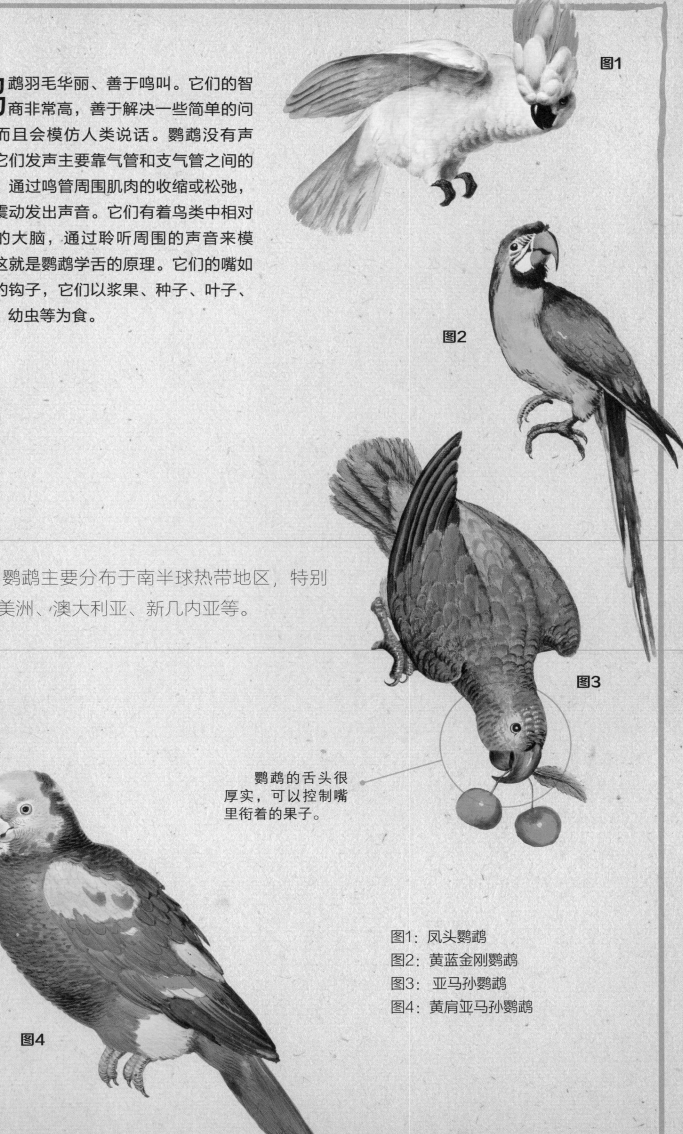

鹦鹉的舌头很厚实，可以控制嘴里衔着的果子。

图1：凤头鹦鹉
图2：黄蓝金刚鹦鹉
图3：亚马孙鹦鹉
图4：黄肩亚马孙鹦鹉

动物博物馆

凡伯海精选海报

Van Berkhey

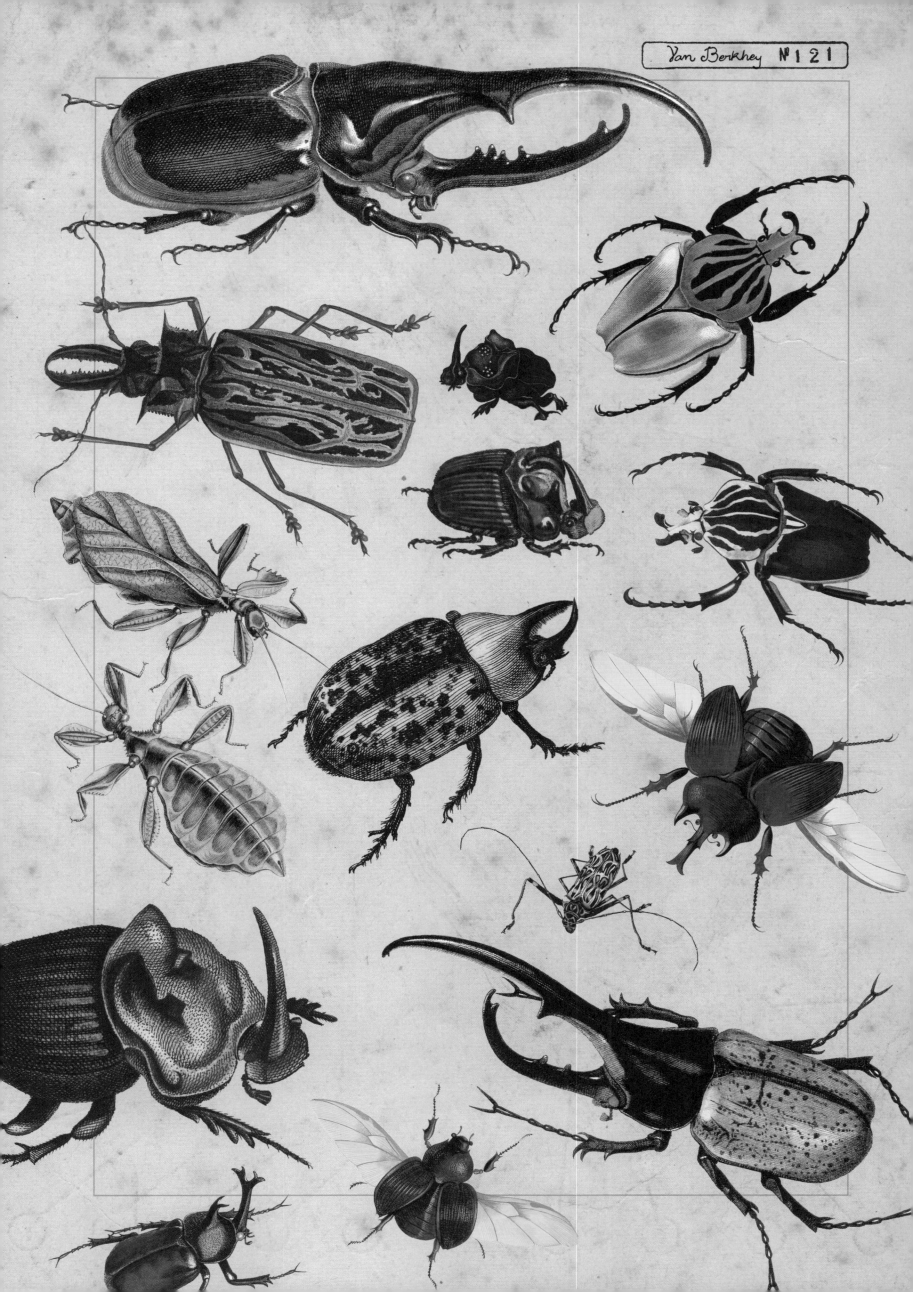